2020

室内设计模型集成

欧式风格家居

INTERIOR DESIGN MODEL LIBRARY

EUROPEAN·STYLE·HOME

叶斌
叶猛
著

海峡出版发行集团 THE STRAITS PUBLISHING & DISTRIBUTING GROUP | 福建科学技术出版社 FUJIAN SCIENCE & TECHNOLOGY PUBLISHING HOUSE

作者简介 AUTHOR PROFILE

高级建筑师
国广一叶装饰机构首席设计师
福建农林大学兼职教授
南京工业大学建筑系建筑学学士
北京大学 EMBA
中国室内设计学会理事
福建省建筑装饰行业协会会长

荣 誉

当选 2013~2015 年度福建省最具影响力设计师（排名第一）
荣获“中国室内设计杰出成就奖”
当选 2009“金羊奖”中国十大室内设计师
当选中国建筑装饰行业建国 60 年百名功勋人物
当选 1989~2009 中国杰出室内设计师
当选 1997~2007 中国家装十年最具影响力精英领袖
当选 1989~2004 全国百位优秀室内建筑师
当选 2004 年度中国室内设计师十大封面人物
当选 2002 年福建省室内设计十大影响人物（第一席位）

著 作

1. 《室内设计图典》（1、2、3）
2. 《装饰设计空间艺术・家居装饰》（1、2、3）
3. 《装饰设计空间艺术・公共建筑装饰》
4. 《建筑外观细部图典》
5. 《国广一叶室内设计模型库・家居装饰》（1、2、3）
6. 《国广一叶室内设计模型库・公建装饰》
7. 《国广一叶室内设计》
8. 《国广一叶室内设计模型库构成元素》（1、2）
9. 《室内设计立面构图艺术》系列
10. 《国广一叶室内设计模型库》系列
11. 《家居装饰・平面设计概念集成》
12. 《概念家居》《概念空间》
13. 《2009 室内设计模型》系列（5 册）
14. 《2010 家居空间模型》系列（3 册）
15. 《2010 公共空间模型》系列（2 册）
16. 《2011 家居空间模型》系列（3 册）
17. 《2011 公共空间模型》
18. 《2012 室内设计模型集成》系列（5 册）
19. 《2013 公共空间模型集成》系列（2 册）
20. 《2013 家居空间模型集成》系列（3 册）
21. 《2014 空间模型集成》系列（5 册）
22. 《2015 室内设计模型集成》系列（5 册）
23. 《2015 名师家装新图典》系列（3 册）
24. 《2016 公共空间模型库》
25. 《2016 家居设计模型库》系列（4 册）
26. 《新家居装修与软装设计》系列（4 册）
27. 《2017 公共空间模型库》
28. 《2017 家居设计模型库》系列（4 册）
29. 《经典家居设计》系列（4 册）
30. 《2018 年室内设计模型集成》系列（4 册
31. 《2019 年室内设计模型集成》系列（4 册
32. 《设计理想的家》系列（4 册）

获奖设计作品

华尔顿 LIHOME	2019 第九届中国国际空间设计大赛（中国建筑装饰设计奖）别墅空间方案类金奖
乐宴	2019 第九届中国国际空间设计大赛（中国建筑装饰设计奖）餐饮空间方案类银奖
余韵	2019 第九届中国国际空间设计大赛（中国建筑装饰设计奖）商品房、样品房空间方案类银奖
山序	2018 亚太空间设计大奖赛地产空间类一等奖
莆田市荔松家电办公基地装饰工程	2017~2018 年度中国建筑工程装饰奖（公共建筑装饰设计类）
福州启迪之星办公装修工程	2017~2018 年度中国建筑工程装饰奖（公共建筑装饰设计类）
余韵	2018 第十二届中国国际室内设计双年展金奖
無・色	2018 第十二届中国国际室内设计双年展银奖
TIMES	2018 第十二届中国国际室内设计双年展银奖
简・木	2018 第十二届中国国际室内设计双年展银奖
长乐禅修中心	2018 第十二届中国国际室内设计双年展银奖
灵、动	2018 第十二届中国国际室内设计双年展银奖
长乐禅修中心	2016/2017 APDC 亚太室内设计精英邀请赛展览空间方案类大奖
听海	2016/2017 APDC 亚太室内设计精英邀请赛住宅空间工程类大奖
FORUS VISION	2017 年第二十届中国室内设计大奖赛零售商业类 金奖
爱家微运动公社	2017 年第七届中国国际空间设计大赛(中国建筑装饰设计奖)娱乐会所空间方案类 金奖
皇帝洞廊桥主题酒店	2017 年第七届中国国际空间设计大赛(中国建筑装饰设计奖)酒店空间方案类 银奖
长乐电力大楼	2015~2016 年度中国建筑工程装饰奖（公共建筑装饰设计类）
叶禅赋	2016 第十一届中国国际室内设计双年展金奖
FORUS	2016 第十一届中国国际室内设计双年展金奖
Lee House	2016 第十一届中国国际室内设计双年展金奖
静・念	2016 第十一届中国国际室内设计双年展银奖
仕林东湖	2016 第十一届中国国际室内设计双年展银奖
白说	2016 第十一届中国国际室内设计双年展银奖
“一扇窗，漫一室”	2016 第十一届中国国际室内设计双年展银奖
溪山温泉度假酒店（实例）	2014 年第十届中国国际室内设计双年展金奖
正兴养老社区体验中心	2014 年第十届中国国际室内设计双年展银奖
永福设计研发中心	2014 年度全国建筑工程装饰奖（公共建筑装饰设计类）
宇洋中央金座	2013 年第十六届中国室内设计大奖赛铜奖
福建洲际酒店	2012 年首届亚太金艺奖酒店设计大赛金奖
瑞来春堂	2012 年第四届“照明周刊杯”照明应用设计大赛奖
前线共和广告	2012 年第十五届中国室内设计大奖赛金奖
前线共和广告	2012 年第九届中国室内设计双年展金奖
阳光理想城	2012 年第九届中国室内设计双年展金奖
福州情・聚春园	2012 年第九届中国室内设计双年展银奖
映・像	2012 年第二十届亚太室内设计大奖赛铜奖
名城港湾 157#103	2012 年第三届中国国际空间环境艺术设计大赛巢奖）优秀奖
一信（福建）投资	2011 年第十四届中国室内设计大奖赛金奖
福建科大永和医疗机构	2011 年中国最成功设计大赛最成功设计奖
素丽娅泰 SPA	2010 年第八届中国室内设计双年展金奖
摩卡小镇售楼中心	2010 年第八届中国室内设计双年展银奖
素丽娅泰 SPA	2010 年亚太室内设计双年展大奖赛商业空间设计奖
繁都魅影	2010 年亚太室内设计双年展大奖赛住宅空间设计奖
繁都魅影	2010 年亚洲室内设计大奖赛铜奖
中央美苑	2010 海峡两岸室内设计大赛金奖
繁都魅影	2010 海峡两岸室内设计大赛金奖
光．盒中盒	2010 海峡两岸室内设计大赛金奖
皇帝洞书院	2009 年“尚高杯”中国室内设计大赛二等奖
北湖皇帝洞景区会所	2008 年第七届中国室内设计双年展金奖
点房财富中心	2007 年“华耐杯”中国室内设计大奖赛二等奖
大家会馆（实例）	2006 年第六届中国室内设计双年展金奖
书香大第销售中心	2006 年第六届中国室内设计双年展金奖
厦门奥林匹亚中心	2004 年中国第五届室内设计双年展铜奖
	另 131 项设计作品荣获福建省室内设计大赛一奖、金奖

国广一叶装饰机构董事合伙人
铂金翰副总设计师
国家一级注册建筑师
国家一级注册建造师
福建工程学院建筑与规划系讲师
中南大学土建学院建筑学硕士

获奖设计作品

融信澜郡	2017 第八届中国国际空间环境艺术设计大赛（筑巢奖）优秀奖
仕林东湖	2016 第十一届中国室内设计双年展银奖
融信大卫城一禅韵	2016 福建省室内设计大赛居室空间类金奖
风尚	2015 年度国际空间设计大奖・艾特奖 最佳公寓设计入围奖
名城港湾	2014 年第五届中国国际空间环境艺术设计大赛（筑巢奖）优秀创意奖
融侨外滩	2014 年第五届中国国际空间环境艺术设计大赛（筑巢奖）优秀创意奖
鳌峰洲小区一19A	2013 年第四届中国国际空间环境艺术设计大赛（筑巢奖）优秀奖
阳光理想城	2012 年第九届中国国际室内设计双年展金奖
繁都魅影	2010 年亚洲室内设计大奖赛铜奖
福建工程学院建筑系新馆	2009 年中国室内空间环境艺术设计大赛一等奖
福建工程学院建筑系新馆	2009 年福建室内与环境设计大奖赛公建工程类高奖
文化主题酒店	2008 年福建省第六届室内与环境设计大赛一等
点房财富中心	2007 年“华耐杯”中国室内设计大奖二等奖
大家会馆（实例）	2006 年第六届中国室内设计双年展金奖
金钻世家某单元房	2006 年第六届中国室内设计双年展银奖
	另出版《建筑外观细部图典》、《室内设计图像模型等著作数十种

前言

PREFACE

国广一叶装饰机构系“全国最具影响力室内设计机构”（中国建筑学会室内设计分会颁发）、2019 年第二十二届 CIID 中国室内设计大奖赛“最佳设计企业”（中国室内设计大奖赛组委会颁发）、2018 年度中国十大杰出建筑装饰设计机构（中国建筑装饰协会、中国国际空间设计大赛组委会颁发）、2018 年度中国最佳设计机构（中国建筑装饰协会颁发）、2017 年第二十届中国室内设计大奖赛“最佳设计企业”（中国建筑学会室内设计分会颁发）、“2016 年度中国建筑装饰杰出住宅空间设计机构”（中国建筑装饰协会颁发）、“2015 年度中国建筑装饰设计机构 50 强企业”（中国建筑装饰协会颁发）、“2013 住宅装饰装修行业最佳设计机构”（中国建筑装饰协会颁发）、2013 年度全国住宅装饰装修行业百强企业（中国建筑装饰协会颁发）、“2012~2013 年度全国室内装饰优秀设计机构”（中国室内装饰协会颁发）、“2012 年中国十大品牌酒店设计机构”（中外酒店论证颁发）、“2013 中国住宅装饰装修行业最佳设计机构”（中国建筑装饰协会颁发）、“1989~2009 年全国十大室内设计企业”（中国建筑协会室内设计分会颁发）、“1988~2008 年中国室内设计十佳设计机构”（中国室内装饰协会颁发）、“1997~2007 年中国十大家装企业”（中国建筑装饰协会颁发）、“福建省建筑装饰装修行业龙头企业”（福建省人民政府闽政文〔2014〕26 号颁发），“福建省建筑装饰行业协会会长单位”，荣获国际、国家及省市级设计大奖数千项。

国广一叶装饰机构首席设计师叶斌荣获“中国室内设计杰出成就奖”、两次荣获“中国十大室内设计师”称号；叶猛被评为“1989~2009 年中国优秀设计师”“福建十大杰出（住宅空间）设计师”；另还有 51 名设计师被评为中国装饰设计行业优秀设计师，146 名设计师分别被评为福建省优秀设计师、福州市优秀设计师，135 名在职设计师分别荣获历届全国、福建省、福州市室内设计一等奖……

以上荣誉的获得来自国广一叶装饰机构 24 年的设计从业经验，国广一叶装饰机构拥有超 300 人的优秀设计师团队，设计师们通过效果图将设计创意淋漓尽致地表现出来。

自 2004 年至今，国广一叶装饰机构在福建科学技术出版社已陆续出版了 21 套共 62 本模型系列图书，一直受到广大读者的支持与厚爱。为了不辜负期望，我们继续推出《2020 室内设计模型集成》系列图书。本系列图书汇集了国广一叶装饰机构 2019 年制作的 1100 多个风格各异的室内设计效果图及其对应的 3ds Max 场景模型文件，可作读者做室内设计时的有益参考。

本书配套光盘的内容包含各 3ds Max 模型和使用到的所有贴图文件。由于 3ds Max 软件不断升级，此批模型我们采用 3ds Max2014 及以上版本制作。各模型按书中效果图的顺序编排，易于查阅和调用。只有能进一步调整的模型才具有价值和生命力，本书的 3ds Max 模型正是真正有价值、可随时提取调整的。必须说明的是，书中收录的效果图均为原始模型经过 VRay 渲染和 Photoshop 后期处理过的成图，为读者了解后期处理效果提供直观准确的参考，与 3ds Max 直接渲染的效果有一定区别。

著 者

2020 年 1 月

As a well-known decoration company, Guoguangyiye Decoration Group have acquired thousands of international, national and provincial design awards, such as the "Best Design Enterprise" of the 22nd CIID China Interior Design Awards in 2019 (Issued by the Organizing Committee of China Interior Design Awards), the Top 10 Outstanding Architectural Decoration Design Institutions of China in 2018 (Issued by China Building Decoration Association and China International Space Design Competition Organizing Committee), the Best Design Agency of China in 2018 (Issued by China Building Decoration Association), the"Best Design Enterprise" at the 20th China Interior Design Awards in 2017 (Issued by the Interior Design Branch of the Chinese Architectural Association), the Chinese style Outstanding Residential Space Design Institution of Architectural Decoration in 2016 (Issued by China Architectural Decoration Association), the Top 50 Chinese Architectural Decoration Design Institutions in 2015 (Issued by China Architectural Decoration Association), the Best Design Agency of Residential Decoration Industry in 2013 (Issued by China Building Decoration Association) the Top 100 Enterprises of Chinese Residential Decoration Industry in 2013 (Issued by China Building Decoration Association), the National Excellent Interior Decoration Design Agency from 2012 to 2013 (Issued by China Interior Decoration Association), the Top Ten Brand Hotel Design Institutions of China in 2012 (Issued by Chinese and foreign hotels), the best design agency for residential decoration industry of China in 2013 (Issued by China Building Decoration Association), the Top 10 Interior Design Enterprises of China from 1989 to 2009 (Issued by the Interior Design Branch of China Construction Association), the Top 10 Design Institutions of Chinese Interior Design from 1988 to 2008 (Issued by China Interior Decoration Association), the Top 10 Decoration Enterprises of China from 1997 to 2007 (Issued by China Building Decoration Association), the leading Enterprise in Fujian's Building Decoration Industry "(Issued by Fujian Provincial People's Government Min Zhengwen [2014] No. 26), "Fujian Building Decoration Industry Association Chairman Unit", it has acquired thousands of international, national, provincial and municipal design awards.

In Guoguangyiye Decoration Group, 51 architects have be granted as Excellent designer in China's decorative design industry, and 146 architects have awarded as Excellent Architect of Fujian province/Fuzhou, 135 architects have won top prize of national, Fujian provincial or Fuzhou.The chief architect Mr. Bin Ye has wined the award of Distinguished Achievement Award of Chinese Interior Design, and awarded twice China Top 10 Interior Design Architect. Mr. Meng Ye was awarded Outstanding Architect of China (1989-2009).

The achievement of the above honors is related to the 24 years of design industry experience of Guoguang Yiye Decoration Agency. Guoguangyiye Decoration Group has a team of over 300 outstanding designers who can show their outstanding design ideas completely through the renderings.

Since 2004, Guoguangyiye has published twenty-one series of books on design model database with Fujian Science and Technology Press and 62 series of model books which obtain readers' incredible support and affection. In order to live up to the expectations of the readers, we will continue to publish the series of books, 《2020 Interior Design Model Library》. This new series consists of over 1100 chic 3ds Max scenario models of various style interior design renderings created by Guoguangyiye Decoration Group in 2019. Being a model library, they could also be used as beneficial references for interior design.

The enclosed DVD contains original 3ds Max models of decoration effect drawings and all the map files used in order to create them. Due to the continuous upgrading of 3ds Max software, 2014 or abvoe 2014 version were adopted in the drawing of these models which are arranged in the order of the pictures to make them easily lookup and call. Since as only models that can be further adjusted are valuable, the 3ds Max moulds provided are all of true value and readily available. It should be noted that, all the effect drawings in the books are pictures rendered by VRay and dealt with by Photoshop, to give an intuitive and precise reference for readers on the after effects which are different from those rendered directly by 3ds Max.

Author

Jan 2020

目录 CONTENTS

客　厅
LIVING ROOM

003

004

005

007

006

008

010

009

011

013

012

014

015

018

017

019

021

022

023

025

024

026

027

029

030

032

031

033

034

035

036

03

038

040

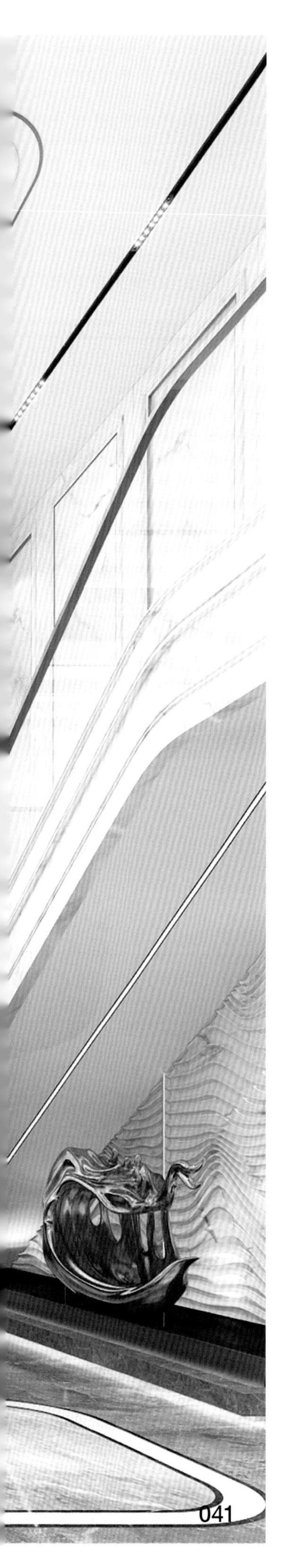

041

042

043

044

046

045

047

CHANEL

049

050

051

052

054

055

056

057

058

05

061

060

062

063

064

065

066

067

068

069

070

072

073

074

075

077

076

078

079

080

082

081

083

085

084

086

087

088

089

090

091

093

CHANEL

094

095

096

097

098

099

101

102

103

卧 室
BED ROOM

10

10

106

107

109

110

111

112

113

114

115

116

117

118

121

120

122

123

125

126

127

128

129

HOME
130

131

132

133

134

135

136

137

138

139

140

141

142

143

144

14

145

147

148

149

150

151

152

153

155

154

156

157

158

159

161

162

163

Dior

164

166

165

167

169

168

170

171

173

174

175

176

177

178

179

180

181

182

183

184

185

186

187

188

189

191

192

193

194

195

196

197

198

199

200

201

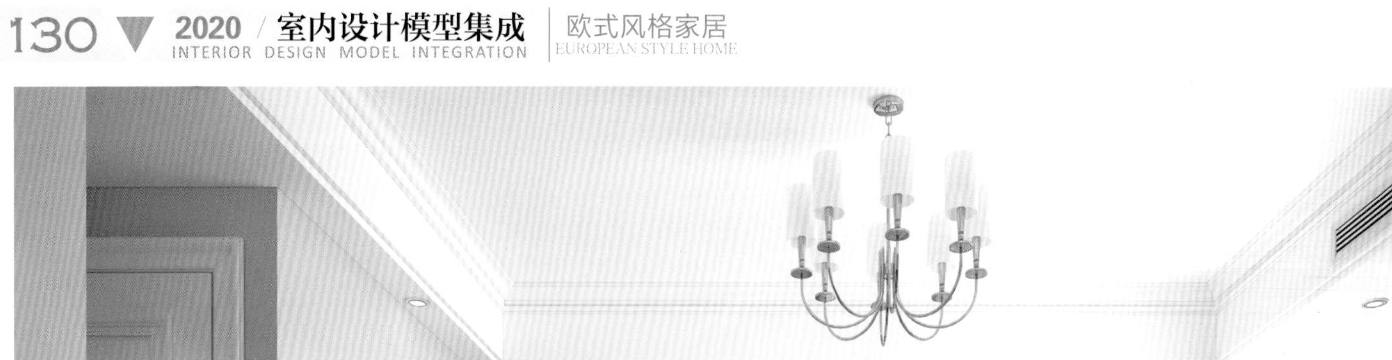

202

203

其他功能空间 OTHER ROOM

20

204

206

208

209

211

212

214

216

215

217

MY LIFE
DESIGN
STORIES

219

221

220

224

227

226

228

229

231

232

234

235

236

237

238

239

240

241

HISTORIA SZTUKI
HISTORIA SZTUKI

245

244

246

247

249

248

250

251

252

Elliott Erwitt Snaps
Elliott Erwitt Snaps
Elliott Erwitt Snaps
Elliott Erwitt Snaps
Elliott Erwitt Snaps

253

254

256

255
258

257

259

260

261

262

263

图书在版编目（CIP）数据

2020室内设计模型集成．欧式风格家居 / 叶斌，叶猛著．—福州：福建科学技术出版社，2020.3
ISBN 978-7-5335-6090-4

Ⅰ．①2… Ⅱ．①叶… ②叶… Ⅲ．①住宅－室内装饰设计－图集 Ⅳ．①TU238.2-64

中国版本图书馆CIP数据核字（2020）第013800号

书　　名 2020室内设计模型集成　欧式风格家居
著　　者 叶斌　叶猛
出版发行 福建科学技术出版社
社　　址 福州市东水路76号（邮编350001）
网　　址 www.fjstp.com
经　　销 福建新华发行（集团）有限责任公司
印　　刷 恒美印务（广州）有限公司
开　　本 635毫米×965毫米　1/8
印　　张 22
图　　文 176码
版　　次 2020年3月第1版
印　　次 2020年3月第1次印刷
书　　号 ISBN 978-7-5335-6090-4
定　　价 358.00元